| 繪本介紹 |

「老闆！我要這塊紅通通的肉，幫我切好，秤一下多少錢？」

上市場囉！市場是一個存在於真實生活裡的大教室，各種蔬果魚肉拼湊出屬於市場的色彩學；如何從顏色判斷食材的種類？該使用哪種刀具來處理食材最合適？你甚至還會發現，不同的商家店舖使用的秤具也有著不同的大小款式。這些學校裡沒有教的事，是你必須親自走進市場才能學到的；而擔任著這些課程的老師，自然就是在市場裡擁有豐富經驗的攤商阿姨叔叔們了。

傳統市場的迷人之處就在於顧客與攤商之間的直接互動；在每一次的買賣過程裡，你不僅可以充分領會到不同攤商各自擁有的專業與知識，也在這些一往一返的對話裡，和他人交換了彼此的料理心得與生活感受。這正是無可取代的市場人情味哪！

本系列繪本故事裡的三位小朋友，在繽紛熱鬧的市場裡開啟了一場場的探險，帶著我們一起認識市場裡的色彩—《五顏六色的市場》、器具—《看刀》，秤具以及度量衡—《妹妹的重量》；市場的生機與活力、穿梭其間的流動人群，以及屬於三位小朋友們自身的小故事，也成為這趟閱讀旅程裡另一幅迷人的風景。一場關於市場的旅行此刻即將啟程！

| 作者簡介 |

高禎臨，東海大學中文系副教授。主要研究領域為古典戲曲、當代戲曲與劇場。「妹妹的重量」這個故事的第一個讀者是我的女兒，感謝她參與了我的人生，讓我能夠一直保有童心。期待與所有熱愛生活、喜歡閱讀的大小朋友們分享這本繪本，並能在看完之後走出書本，親自感受真實而豐富的日常風景。

妹妹的重量

文　高禎臨

圖　蕭蕙君

小凱家是在市場裡開麵店的，
每天跟著爸爸媽媽和阿嬤，
一起在麵攤做生意時，
也順道在市場裡到處亂晃。
市場的店家可以說是看著小凱長大的。

這幾天只剩阿嬤顧著麵店，
因為小凱的媽媽剛剛在醫院裡生了一個妹妹。
小凱期待當哥哥好久了！

在醫院陪著媽媽的爸爸打電話回來跟小凱說：
「妹妹跟小凱哥哥長得很像喔！
出生的時候是3000克。」

小凱興奮地覆述著「3000」這個數字，
想像著妹妹會有多大，
抱起來會有多重。

小凱問阿嬤：
「妹妹的3000克到底是多重、多大呀？」
忙著麵店生意的阿嬤暫時沒有空回答小凱的問題。
小凱決定去問問在市場的大朋友們。

他‍走‍進‍隔‍壁‍開‍中‍藥‍鋪‍的‍王‍爺‍爺‍家‍，
王‍爺‍爺‍正‍拿‍著‍平‍時‍用‍的‍銅‍秤‍在‍秤‍量‍中‍藥‍。

小凱問王爺爺：
「爺爺，3000克是多重呀？您的那個秤，
到時候可以讓我用來量量看妹妹有多重嗎？」

王爺爺跟小凱說：
「小凱，這是我用來秤中藥的工具。
但你瞧瞧，這只能秤像藥草一般少而輕的東西，
不適合用來秤嬰兒喔。」

「你看看，這一包枸杞是100克，一包剛好是100元。
所以3000克重的嬰兒有30包枸杞這麼重呢！」
小凱好奇地盯著王爺爺手中的銅秤，
爺爺說：「這是我從年輕時一直用到現在的銅秤。
現在很多人都改用電子秤啦，但別小看這個銅秤，
它一樣能精準地測量出中藥的重量喔！」

離開中藥行後小凱走到隔壁的食品行，
老闆娘阿甜姨開心地招呼他：
「小凱恭喜你當哥哥啦，阿甜姨請你吃糖果！」

小凱說：
「阿甜姨，我想知道3000克的妹妹有多重，
可以跟妳借磅秤嗎？」

阿ⓐ甜ⓣ姨ⓨ指ⓩ著ⓩ她ⓣ櫃ⓖ檯ⓣ上ⓢ的ⓓ電ⓓ子ⓩ磅ⓟ秤ⓒ：「哎ⓐ呀ⓐ小ⓧ凱ⓚ，
這ⓩ個ⓖ妹ⓜ妹ⓜ放ⓕ不ⓑ上ⓢ去ⓠ吧ⓑ。這ⓩ是ⓢ專ⓩ門ⓜ秤ⓒ糖ⓣ果ⓖ餅ⓑ乾ⓖ的ⓓ。」

「這ⓩ一ⓨ把ⓑ糖ⓣ果ⓖ總ⓩ共ⓖ是ⓢ500克ⓖ，每ⓜ100克ⓖ是ⓢ20元ⓨ。
按ⓐ下ⓧ價ⓖ格ⓖ的ⓓ設ⓢ定ⓓ，你ⓝ看ⓚ，電ⓓ子ⓩ秤ⓒ就ⓖ能ⓝ很ⓗ清ⓠ楚ⓒ地ⓓ告ⓖ訴ⓢ我ⓦ
每ⓜ一ⓨ份ⓕ商ⓢ品ⓟ是ⓢ多ⓓ少ⓢ錢ⓖ囉ⓛ！」

從食品行拐個彎就是卡非哥哥開的咖啡店。
卡非哥哥正把咖啡豆裝在杯子裡，
放在一個很小的秤子上。
小凱：「卡非哥哥，那也是磅秤的一種嗎？」
卡非哥哥說：「是呀小凱，
這是專門用來秤食物重量的料理秤。
我要煮咖啡時會用它計算咖啡豆的份量，
才好煮出濃淡適中的咖啡。」

小凱心想，原來也有這麼小的秤呀！
卡非哥哥將秤好10克的咖啡豆
一起倒進磨豆機裡，
接著磨出一小杯的咖啡粉，
倒進掛著濾紙的手沖杯中，
熱水緩緩流注，一杯冒著熱氣的
魔幻飲料就完成了！

咖啡店的對面是張奶奶的水果攤，
攤子前聚集了好幾位顧客正在挑水果。
張奶奶將客人買的一袋四個蘋果放在磅秤上，
秤面上的指針開始轉動；
張奶奶跟客人說：「總共100元。」

小凱從攤位前探出他的小臉問張奶奶：
「為什麼奶奶的秤是長這樣呀？可以借我秤妹妹嗎？」
張奶奶笑了出來：「小凱，這可能不適合唷。
這一樣也是磅秤，在沒有電子秤之前大家都用這種秤呢！」

「 用這種秤需要很好的算術能力呢，
因為一看到重量，你就得算出水果的單價及價格。
但是我用了這麼多年也習慣啦！
這也是一個讓自己頭腦不斷活動的好方法！ 」

小凱帶著張奶奶塞給他的一顆蘋果，走到市場側門。
這裡是商品上下貨的地方，
一輛貨車正載著滿車的蔬菜緩緩倒車進來。

吉利菜攤的阿智叔叔從車上搬下一籃高麗菜，
準備放上市場口的台秤確認重量。

小凱向阿智叔叔說：
「好大的秤啊！這個妹妹一定放得上去。」

阿҄智҄叔҄叔҄說҄：

「哈҄哈҄，這҄確҄實҄是҄可҄以҄用҄來҄秤҄很҄重҄的҄東҄西҄喔҄！

你҄看҄看҄，這҄一҄簍҄一҄簍҄的҄蔬҄菜҄如҄果҄要҄確҄認҄重҄量҄的҄話҄，

都҄需҄要҄利҄用҄到҄這҄個҄大҄秤҄。

例҄如҄每҄一҄個҄高҄麗҄菜҄大҄約҄一҄公҄斤҄重҄，這҄一҄大҄籃҄高҄麗҄菜҄

總҄共҄就҄15公҄斤҄，不҄用҄這҄個҄秤҄是҄沒҄辦҄法҄的҄。」

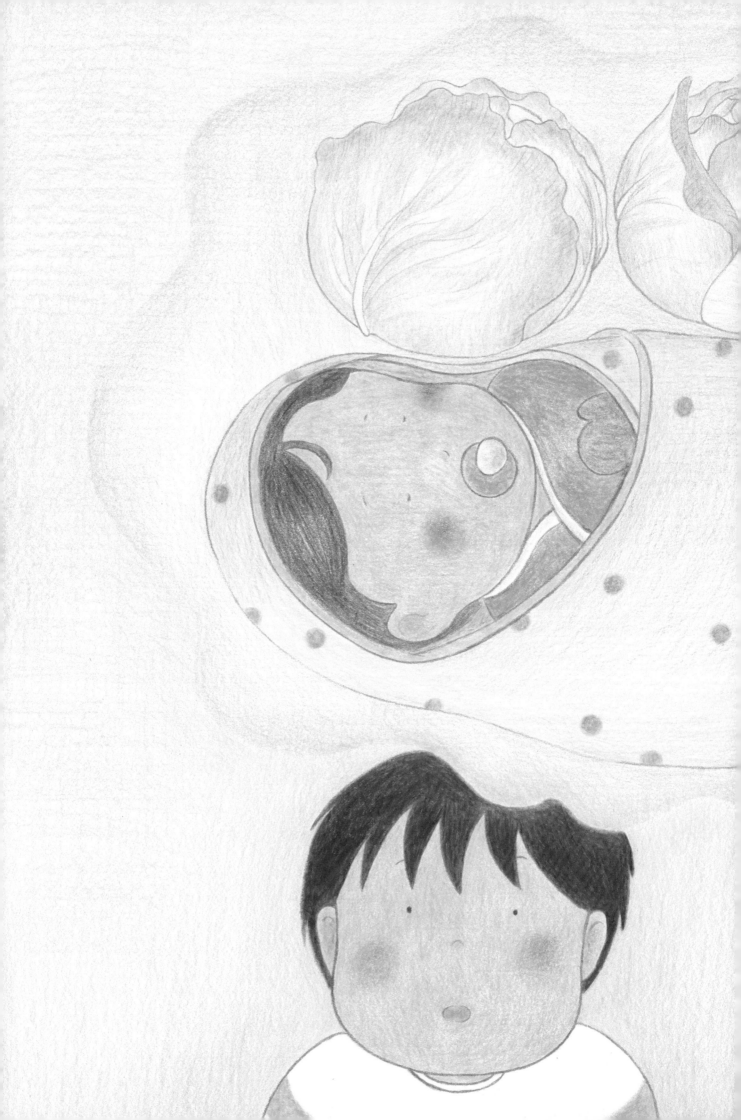

阿ˇ智ˋ叔ˊ叔ˊ說ˋ：「3000克ˋ就ˋ是ˋ3公ˋ斤ˋ，
所ˋ以ˇ妹ˋ妹ˋ大ˋ概ˋ有ˇ三ˋ顆ˋ高ˋ麗ˋ菜ˋ那ˋ麼ˋ重ˋ。」
小ˇ凱ˇ問ˋ：「那ˋ妹ˋ妹ˋ就ˋ是ˋ三ˋ顆ˋ高ˋ麗ˋ菜ˋ那ˋ麼ˋ大ˋ了ˋ嗎ˋ？」
阿ˇ智ˋ叔ˊ叔ˊ蹲ˋ下ˋ來ˊ摸ˋ摸ˋ小ˇ凱ˇ的ˋ頭ˋ：
「剛ˋ出ˋ生ˋ的ˋ嬰ˋ兒ˊ可ˇ能ˊ比ˇ高ˋ麗ˋ菜ˋ加ˋ起ˇ來ˊ再ˋ小ˇ一-點ˇ喔ˋ。」

小凱回到家時，麵店的生意剛忙完一個段落。

他跟阿嬤說：「我繞了市場一圈想要借個可以量妹妹重量的秤，
都沒有適合的。　但我發現原來秤有好多種，
而且每一種東西都有它適合的秤。」

阿嬤說：「是呀，每樣商品的大小不一，
一定要用最適合的秤才能方便這些叔叔阿姨們做生意呢。」

小凱說：
「為什麼中藥店100克的枸杞和張奶奶家的四顆蘋果，
一個這麼少這麼輕，
一個這麼多這麼重卻一樣價錢呢？」

阿嬤說：
「你說的沒錯喔，
每一樣東西的價格都不一樣，
不見得越重就越貴。
這就是在市場裡大家都需要使用磅秤的原因呀！」

小凱說：
「我真的好想知道3000克的妹妹究竟有多大、
抱起來有多重呀！」

阿嬤逗弄小凱說：
「那你覺得3000克的妹妹應該賣多少錢呢？」
小凱說：
「我才不會把妹妹賣掉呢！那可是我的重要寶貝，
再多錢也不賣的。」

阿ㄚ嬤ㄇㄚ摟ㄌㄡˇ著ㄓㄜˇ小ㄒㄧㄠˇ凱ㄎㄞˇ：

「是ㄕˋ呀ㄧㄚˋ。妹ㄇㄟˋ妹ㄇㄟˋ在ㄗㄞˋ你ㄋㄧˇ心ㄒㄧㄣ裡ㄌㄧˇ是ㄕˋ無ㄨˊ價ㄐㄧㄚˋ的ㄉㄜˊ，

就ㄐㄧㄡˋ像ㄒㄧㄤˋ你ㄋㄧˇ和ㄏㄜˊ妹ㄇㄟˋ妹ㄇㄟˋ也ㄧㄝˇ永ㄩㄥˇ遠ㄩㄢˇ是ㄕˋ阿ㄚ嬤ㄇㄚ心ㄒㄧㄣ中ㄓㄨㄥ的ㄉㄜˊ心ㄒㄧㄣ肝ㄍㄢ寶ㄅㄠˇ貝ㄅㄟˋ。」

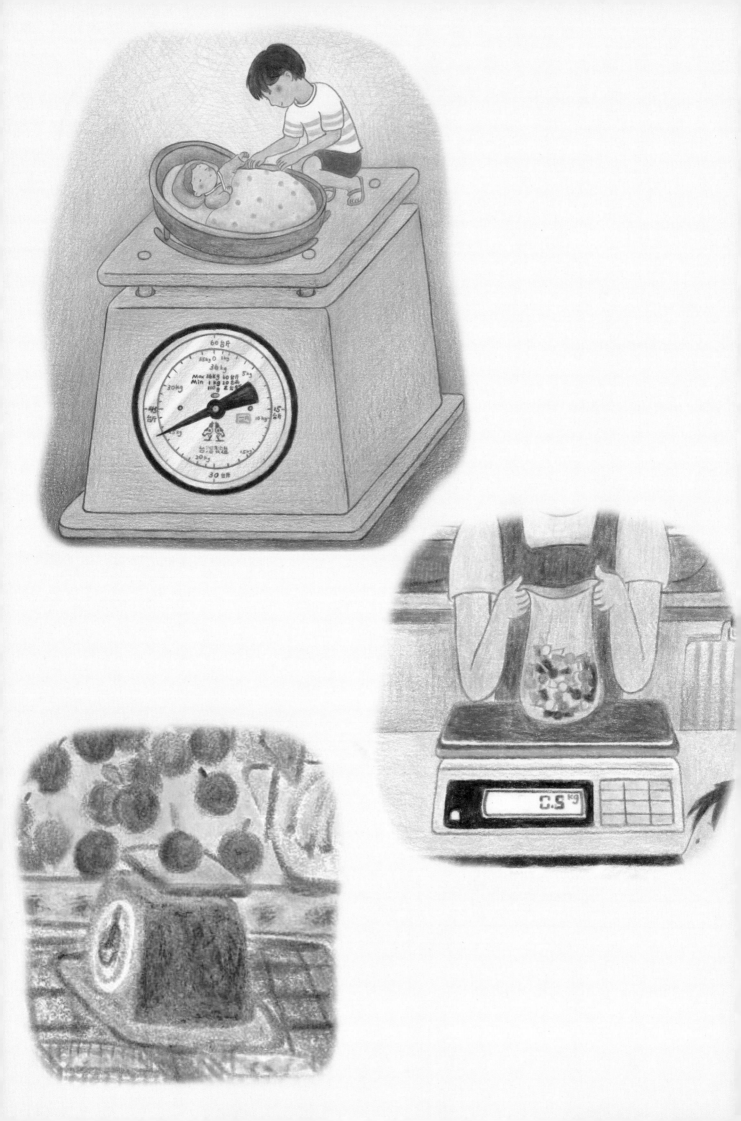

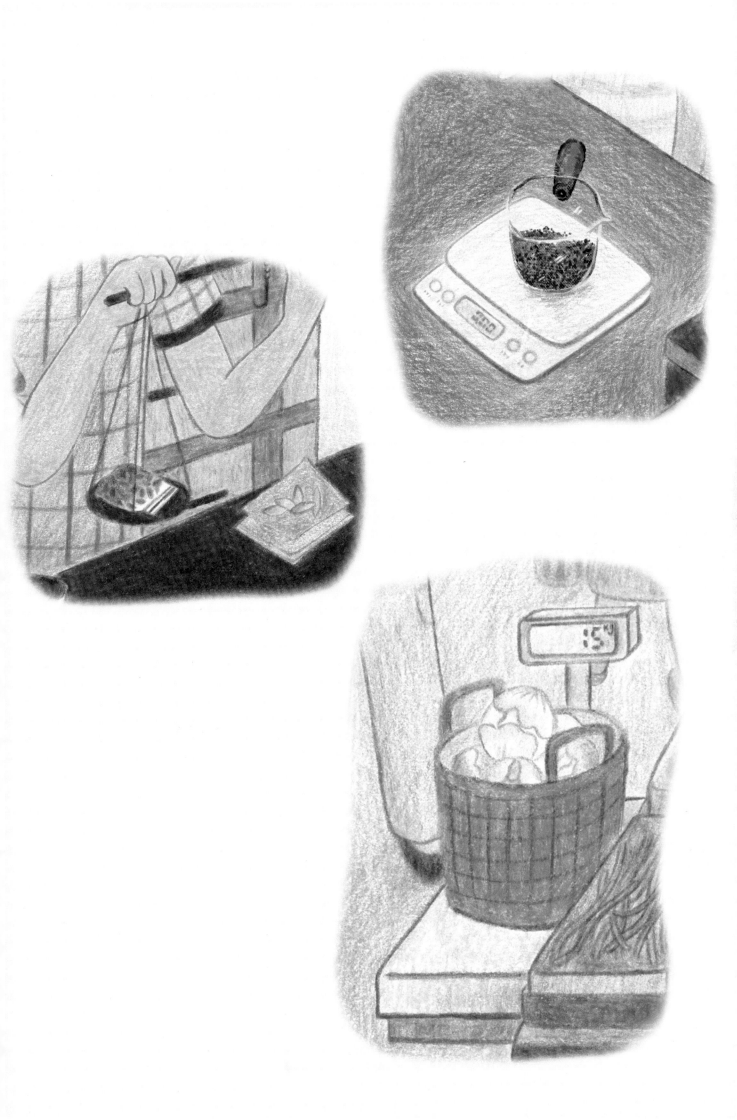

妹妹的重量 / 高禎臨文 ; 蕭蕙君圖.
-- 初版. -- 臺北市 : 沐風文化出版有限公司出版 ;
臺中市 : 東海大學人文創新與社會實踐計畫發行, 2022.02
32面 ;21x29.7公分
注音版
ISBN 978-986-97606-9-0(精裝)

1.CST: 市場 2.CST: 度量衡 3.CST: 繪本

498.7   111000349

妹妹的重量

作者 / 高禎臨　繪者 / 蕭蕙君

美術執行統籌 / 雙美圖設計事務所

出版協力 / 林韋錠、張郁婕、李晏佐

指導單位 / 科技部人文創新與社會實踐計畫

發行所 / 東海大學人文創新與社會實踐計畫

地址 / 407224台中市西屯區台灣大道四段1727號

網址 / http://spuic.thu.edu.tw/

Email / thu.spuic@gmail.com

出版經銷 / 沐風文化出版有限公司

地址 / 10052台北市泉州街9號3樓

Email / mufonebooks@gmail.com

印刷 / 龍虎電腦排版股份有限公司

出版日期 / 2022年2月 初版一刷

定價 / NDT320

ISBN / 978-986-97606-9-0

封面題字 / 連唯心

特別感謝 / 林惠真（東海人社計畫執行長）、陳毓婷（專任助理）、湯子嫻（兼任助理）、
廖彥霖（兼任助理）、東海大學工業設計系107-2《環境共生設計實踐》及108-1《環境共生
設計導論》的全體修課學生、陳映佐（二市場店家）、台中第二市場。